良好农业规范（GAP）

百问百答

王　霞　肖兴基　王　磊　张纪兵　等　编著

科学出版社

北　京

内 容 简 介

本书是关于良好农业规范(GAP) 100个常见问题的解读与解答。全书共分为五个部分：术语和定义、渊源、标准、认证及与GAP相关的其他衍生问题(称这些问题为"天马行空")。本书依据最新资料及行业标准，以图文并茂的形式对良好农业规范(GAP)的一些常见问题加以解答，力求以通俗、生动的方式普及良好农业规范相关知识和认证要求。

本书既可以作为科普读物进行休闲阅读，又可以作为工具书进行参考。希望本书能为相关从业人员提供帮助，并能在一定程度上满足社会大众对良好农业规范的认识需求。

图书在版编目(CIP)数据

良好农业规范(GAP)百问百答 / 王霞等编著. —北京：科学出版社，2014

ISBN 978-7-03-041492-2

Ⅰ. ①良… Ⅱ. ①王… ②肖… ③王… ④张… Ⅲ. ①农业–规范–中国–问题解答 Ⅳ. ①S-65

中国版本图书馆CIP数据核字(2014)第171693号

责任编辑：陈岭啸　王腾飞　周　丹 / 责任校对：胡小洁
责任印制：李　利 / 封面设计：许　瑞

科学出版社出版

北京东黄城根北街16号
邮政编码：100717
http://www.sciencep.com

中国科学院印刷厂印刷

科学出版社发行　各地新华书店经销

*

2015年1月第 一 版　开本：880×1230 1/32
2015年1月第一次印刷　印张：4 3/8
字数：135 000

定价：**49.00元**

（如有印装质量问题，我社负责调换）

编著委员会

主 编：王 霞 肖兴基 王 磊 张纪兵

副主编：汪云岗 俞开锦 孙光军 唐茂芝

编 委：(按姓氏拼音排序)

胡云峰 江静蓉 解卫华 李 刚 李 强

梁永江 刘进超 刘振华 邰崇妹 唐 剑

王 惠 王邢平 张爱国 张伟超 周 娟

顾 问：刘先德

道法视频亦以名为
是日日
洞日
创作

刘书俊

序

    良好农业规范(GAP)是一套针对初级农产品生产的操作标准，是提高农产品生产基地质量管理水平的有效手段和工具。在农产品质量和食品安全备受关注的当下，GAP的生产方式和管理理念迅速风靡全球。

    我国也探索出一条保障农产品安全、保护环境、关爱动物福利和员工健康的GAP生产管理模式，为提高中国农业发展的标准和规范化程度，降低农产品质量安全风险做出了相应的贡献。《良好农业规范(GAP)百问百答》的出现，有利于提高中国良好农业规范(ChinaGAP)在国内的认知度，有利于ChinaGAP的推行和发展。

    该书图文并茂，幽默风趣，可读性强，非常富有独创性，填补了国内GAP科普读物的空白。尤其是该书利用漫画设计思路，将GAP标准、规范乃至条条框框化于无形，融于简单的对白之中，非常有助于公众尽快揭开GAP的神秘面纱。作为GAP的推动者和支持者之一，我非常理解和感谢编写组付出的探索和努力，也相信本书能为大家提供直观和有效的帮助。

国家认监委科技与标准管理部   刘先德

2014年12月

前　言

20世纪80年代,欧洲出现了震惊世界的"疯牛病"事件,引发了人们对如何保障食品安全的思考。20世纪末,欧洲零售商协会发起并制定了良好农业规范(GAP),对初级农产品的质量安全提供了有力的保障。很快,GAP生产管理模式扩展到美国、加拿大和澳大利亚等发达国家,并迅速扩展到世界范围。

"民以食为天",食品安全问题已连续3年(2012~2014年)位居中国"最受关注的十大焦点问题"首位,时刻撩拨着人们的神经,考验着消费者的耐心和承受力。为进一步提高农产品安全控制方面的保障能力,并提升农产品贸易的国际竞争力,2005年国家认证认可监督管理委员会(CNCA)牵头发起并发布了中国良好农业规范(ChinaGAP)国家系列标准。ChinaGAP的实施,有力地推动了中国农产品安全的安全保障水平,但总体来看,尚存在一些不尽人意之处,主要有以下几方面的原因:

一是GAP的标准化要求较高,大到规划布局,小到精准施肥都有明确的规定。而国内大量的农业生产企业的标准化水平与此还有一定的差距。二是缺乏市场的有效驱动,如在欧盟国家,大型销售商对于入市产品有GAP认证的硬性规定，引导了众多生产企业的良性发展。三是GAP产品的认知度较低，目前中国消费者对GAP生产、GAP产品和GAP认证还很陌生，缺乏应有的了解。四是GAP的宣传力度不够。据编者调查发现：市面所发售的GAP相关书籍，多为GAP从业人员的工具书——《GAP系列标准》等，鲜见面向大众的科普类书籍，尤其是缺乏针对普通消费者及非从业人员的GAP书籍，GAP知识的宣传面和普及面相对较窄。

因此，编者依据国内外最新发布的相关资料，采用通俗的语言，以问答的形式，配以形象的漫画，对GAP渊源、要求、认证等相关知识进行解读，希望能为普通大众打开一扇了解GAP的窗户。也希望本书能为经销商、农业生产者以及GAP从业人员提供参考。

本书的编写得到国家认证认可监督管理委员会(简称"认监委")相关领导和专家的大力支持和帮助。认监委科技与标准管理部刘先德主任担任本书的总顾问，认证认可技术研究所GAP工作组专家对本书技术问题进行了严格把关。环保部南京环境科学研究所、中国烟草总公司贵州省烟草公司和南京国环有机产品认证中心的相关专家和老师们也对本书提供了非常好的建议和意见。本书的出版受中国烟草总公司贵州省烟草公司科研专项基金"贵州省烤烟生产GAP管理研究与推广应用"和国家"十二五"科技支撑计划"适宜我国农业生产特点的良好农业规范质量保证关键技术研究与示范"(2012BAK26B03)的资助。另外，科学出版社编辑陈岭啸和孙天任，美编陈曦对本书的出版付出了辛勤的劳动，在此一并表示致谢！

由于编著者时间仓促，而且首次采用漫画形式对专业性的知识进行分析和解读，不当之处在所难免，敬请各位专家和读者批评指正。

2014年12月

序

前言

GAP 第一篇　GAP 术语和定义

1. 良好农业规范(GAP)的概念 | 003

2. GAP 字母的含义 | 004

3. 缓冲带 | 005

4. 风险 | 006

5. 关键控制点 | 007

6. 有害生物综合管理(IPM) | 008

7. 产品追踪、产品追溯和可追溯性 | 009

8. 农业生产经营者 | 010

9. 农业生产经营者组织 | 011

10. 分包方 | 012

11. 注册 | 013

12. 农产品处理 | 014

13. 生产管理单元 | 015

14. 产品处理单元 | 016

15. 平行生产 | 017

16. 动物福利 | 018

GAP 第二篇　GAP 渊源

17. GAP 起源于哪里? | 021

18. "欧洲疯牛病"事件与 GAP 起源的关系? | 022

19. GlobalGAP 是什么? | 023

20. GlobalGAP 与 EUREPGAP 的关系是什么？ | 024

21. GlobalGAP 标准主要包括哪些单元？ | 025

22. 什么样的企业必须通过 GlobalGAP 认证？ | 026

23. ChinaGAP 的由来？ | 027

24. GAP 在欧盟的应用如何？ | 028

25. 美国 GAP 的由来？ | 030

26. 澳大利亚 GAP 的由来？ | 032

27. 加拿大 GAP 的由来？ | 033

GAP 第三篇　ChinaGAP 标准

28. ChinaGAP 认证依据是什么？ | 037

29. ChinaGAP 共有多少个标准？ | 038

30. ChinaGAP 标准与其他国家 GAP 标准的最显著区别是什么？ | 040

31. ChinaGAP 标准注重哪些方面的要求？ | 041

32. GAP 标准体系框架是什么结构？ | 042

33. 如何选择适用的 ChinaGAP 标准？ | 043

34. 如何确认产品 A 是否可以申请 ChinaGAP 认证？ | 044

35. 如何定位产品 A 所适用的标准模块？ | 045

36. GAP 认证产品目录外的产品能否认证？ | 046

37. ChinaGAP 系列标准控制点级别划分的原则是什么？ | 047

38. ChinaGAP 系列标准的基本格式如何？ | 048

39. 《良好农业规范认证实施规则》规定了什么？ | 050

40. 哪些机构可以从事 ChinaGAP 认证？ | 051

41. 认证申请人按照什么方式进行认证？ | 052

42. 申请者怎么选择 ChinaGAP 认证机构? | 053

43. ChinaGAP 注册号怎么获得的? | 055

44. GAP 认证检查从业人员的基本条件? | 056

GAP 第四篇 ChinaGAP 认证

45. GAP 认证申请程序是什么? | 059

46. 对初次申请者的记录有什么要求? | 060

47. 认证机构对 GAP 认证记录格式是否有统一规定? | 061

48. 申请材料至少包括哪些内容? | 062

49. GAP 认证时申请者需陪同检查么? | 063

50. GAP 内部检查 | 064

51. GAP 外部检查 | 065

52. 申请人只生产水稻,是否可以向多家认证机构申请 ChinaGAP
    认证? | 066

53. 是否可同时参加多个农业生产经营者组织? | 067

54. 不同产品是否可向不同认证机构申请 ChinaGAP 认证? | 068

55. 申请人向认证机构注册时,能否将旗下异国的组织成员一同
    注册? | 069

56. ChinaGAP 一级认证要求高还是二级认证要求高? | 070

57. GAP 一级认证有什么要求? | 071

58. GAP 一级认证时,二级控制点允许不符合数应如何计算? | 072

59. GAP 二级认证有什么要求? | 073

60. GAP 二级认证时,一级控制点允许不符合数怎么计算? | 074

61. 初次认证检查的时间怎么安排? | 075

62. 在收获期间无法实施检查时，是否可以调整检查时间？ | 076

63. 如何安排多种不同作物的检查时间？ | 077

64. 检查组是否对申请认证的产品都进行药物残留限量抽样？ | 078

65. 认证后的证书持有人，是否可以更换认证机构？ | 079

66. GAP 认证证书有效期多长？ | 080

67. GAP 认证证书有效期是否可以被缩短或延长？ | 081

68. 获证产品在零售时是否可以用 GAP 认证标志？ | 082

69. GAP 认证标志使用时需注意什么？ | 083

70. 农业生产经营者怎么注册？ | 084

71. 认证机构对于农业生产经营者检查频次怎么确定？ | 085

72. 转基因产品可以申请 ChinaGAP 认证吗？ | 086

73. ChinaGAP 中的检查与审核有何不同？ | 087

74. 认证机构对于农业生产经营者组织的审核和检查几次？ | 088

75. 申请一级认证或二级认证时，3 级控制点是不是可以不用检查？ | 089

76. 不通知检查时，是否对所有一、二、三级都进行检查？ | 090

77. 外部检查时，对农业生产经营者组织成员怎么抽样？ | 091

78. 认证机构对于农业生产经营者组织评价过程包含哪两个要素？ | 092

79. 同一个地块不同模块的作物进行轮作时，是否可以同时申请认证？ | 093

80. 认证证书应包括哪些信息？ | 094

81. 获证后证书持有人是谁？ | 096

GAP 第五篇　　GAP 天马行空

82. GAP 认证能消除食品安全的风险么？　|　099

83. GAP 也包括生产服装么？　|　100

84. 举出几个制定 GAP 规范的国家？　|　101

85. 欧洲零售商怎么寻找获得 GlobalGAP 认证的供应商？　|　102

86. 我国农产品出口企业为什么要做 GlobalGAP 认证？　|　103

87. 果蔬产品若在中国区麦德龙销售也要通过 GlobalGAP 认证么？　|　104

88. ChinaGAP 可以使用化学农药和化肥么？　|　105

89. ChinaGAP 与绿色食品认证的最显著的区别是什么？　|　106

90. GAP 标志与有机标志的异同点是什么？　|　107

91. GAP 产品标志的含义是什么？　|　108

92. 蔬菜类的产品是否都能申请 GAP 的认证？　|　110

93. 烟叶是否可以申请 GAP 的认证？　|　111

94. 怎么对 GAP 获证企业进行监督？　|　112

95. 谁来监管 ChinaGAP 认证机构？　|　113

96. 申请人对认证结果有异议该怎么处理？　|　114

97. 当持证法人实体发生变更时，可否直接变更证书？　|　115

98. 中药材 GAP 是什么？　|　116

99. 中药材 GAP 与 ChinaGAP 认证异同点？　|　117

100. GAP 认证有什么益处？　|　120

第一篇

GAP 术语和定义

1. 良好农业规范 (GAP) 的概念

良好农业规范(Good Agricultural Practices，GAP)作为一种适用方法和体系，通过经济的、环境的和社会的可持续发展措施，来保障食品安全和食品质量，是一套针对农产品生产(包括作物种植、畜禽养殖、水产养殖和蜜蜂养殖等)的操作标准，是提高农产品生产基地质量安全管理水平的有效手段和工具。

解读：概念中明确GAP是一种方法和体系,拥有"一套",即"一系列"的操作标准,所针对的对象是初级农产品生产。

原来GAP是一种适用方法和体系啊!

2. GAP 字母的含义

GAP是良好农业操作规范，是Good Agricultural Practices 的缩写。

解读：G是Good的首字母，意思是优质的、良好的，表示一种愿望，希望生产出良好的、安全的产品。

A是Agricultural的首字母，意思是农业的，表示一个农业或一个专类农业项目。

P是Practices的首字母，意思是操作的方法，表示一系列操作的方法，是一种管理技术。

3. 缓冲带

缓冲带是靠近受控制区域的边缘，或在具有不同控制目标的两个区域之间的过渡地区。

解读：GAP对缓冲带的类型或尺度未做具体要求。在实际操作中，可以是一片防护林、灌木丛或湿地，也可以是一条道路或沟渠等，只要能达成保护目标的作用即可，需综合当地风向、地势以及周围土地利用方式等多方面考虑。

4. 风险

风险是当暴露于特定危害时,对健康产生不良影响的概率(如生病)与影响的严重程度(死亡、住院、缺勤等)构成的函数。

解读:危害包括对农作物、畜禽的损伤,或对人体健康、财产或环境的损害。

5. 关键控制点

关键控制点是能够施加控制，并且该控制是防止、消除食品安全危害或将其降低到可接受水平所必须的某一步骤。

📖解读：在GAP生产中，从场地环境、种苗选择，到收获及处理等环节，所涉及控制点很多，国家标准《良好农业规范》(GB/T 20014)将控制点一一列表呈现，并分成了3个等级。

6. 有害生物综合管理 (IPM)

有害生物综合管理是谨慎考虑所有可用虫害控制技术及其随后适宜措施的组合，旨在防止虫害种群发展，控制杀虫剂和其他干预手段，使其维持在适宜成本水平，并将对人类健康和环境造成危害的风险减到最小。

解读：有害生物综合管理(integrated pest management，IPM) 的概念在1967年由联合国粮农组织(FAO)在意大利罗马首次提出，强调只有在有害生物的危害会导致经济损失的前提下才进行防治。IPM非常重视包括抗性品种、栽培措施、生物天敌、化学药剂在内的综合防治技术的应用，尤其是利用天敌等生物控制因子来控制病虫害，对化学农药的施用采取慎重的态度。

7. 产品追踪、产品追溯和可追溯性

(1) 产品追踪是指产品在供应链的不同机构中传递时(比如蔬菜从田间采收到加工间清选整理包装,经车辆运输到顾客),其特定部分(比如数量、质量)可被跟踪的能力。

(2) 产品追溯是根据供应链前段的记录(如蔬菜投入品记录、田间农事管理记录、收获记录、加工记录、包装记录、运输记录、销售记录等),来确定供应链中特定个体或产品批次来源的能力。追溯产品的目的包括产品召回和顾客投诉调查等。

(3) 可追溯性是指通过记录证明来追溯产品的历史、使用和所在位置的能力。

运输007

产品007

作物007

种植007

收获007

8. 农业生产经营者

农业生产经营者是代表农场的自然人或法人，对农场出售的产品负法律责任，如农户、农业企业。

9. 农业生产经营者组织

农业生产经营者组织是农业生产经营者联合体，该农业生产经营者联合体具有合法的组织结构、内部程序和内部控制，所有成员按照良好农业规范的要求注册，形成清单，说明注册状况。农业生产经营者组织应和每个注册农业生产经营者签署协议，并确定一个承担最终责任的管理代表。

解读：如农村集体经济组织、农民专业合作经济组织均属于农业生产经营者组织。

10. 分包方

分包方是与农业生产经营者或者农业生产经营者组织签订合同以执行特定任务的组织或自然人。

🌾 解读：某些农事活动环节可能会由专业的公司来完成，比如收割、储藏或者运输等环节。例如：A申请者没有自有的冷库，与拥有冷库的B企业签订冷库使用合同，则B企业就属于A的分包方。

如果申请人存在分包方，应建立程序以确保分包给第三方的活动能满足GAP相关技术规范的要求；并对分包方的能力进行评估并保留评估记录；在同分包方的合同中明确分包方遵守申请人的质量管理体系和相关程序要求。

11. 注册

所谓注册，主要指以下3种情况：

(1) 农业生产经营者向农业生产经营者组织申请登记；

(2) 认证申请人在认证机构的登记；

(3) 国家主管部门要求的申请人登记(适用时)。

解读："注册"在汉语中的意思是"把名字记入簿册"，多指取得某种资格，今指向有关机关、团体或学校登记备案。GAP中的"注册"是指农业生产经营者向农业生产经营者组织申请登记备案，由组织作为认证申请人代表所有登记过的农业生产经营者开展认证活动。在申请人向认证机构提出认证申请的同时，便完成了登记备案工作，无需特意完成"注册"手续。

12. 农产品处理

农产品处理是指归属农业生产经营者或农业生产经营者组织的收获后的大田作物、果蔬，在农场或离开农场进行的低风险处理，如包装、存储、化学处理、修整、清洗，使产品通过可能和其他原料或物质有物理接触的处理方法运出农场(但不包括收获和从收获地到第一个存储/包装地的农场内运输及农产品加工)。

📌解读：GAP中所涉及的农产品属于《农产品质量安全法》所定义的范畴，是指来源于农业的初级产品，即在农业活动中获得的植物、动物、微生物及其产品。因此，农产品处理只是初级农产品在农场内或离开农场进行的低风险处理，如包装、存储等。

我都清洗完喽！清洗也是农产品处理的一种。

13. 生产管理单元

　　生产管理单元是指由农业生产经营者确立的农产品生产单元(可以是一个农场、一块耕地、一个鱼塘、一个果园、一个畜群或一个温室等)。生产单元的产品能够区分，所有投入物受控，制定并采取了措施，保持独立的记录，能够在平行生产时防止混杂。

这就是我的一个生产管理单元！

14. 产品处理单元

产品处理单元是指相对独立的农产品处理场所，但不一定是独立的法人实体。一个农业生产经营者或农业生产经营者组织可以有一个或多个产品处理单元。

🖋 解读：比如A农业生产经营者同时拥有农产品清洁区、
包装区和冷库，这些都属于产品处理单元。

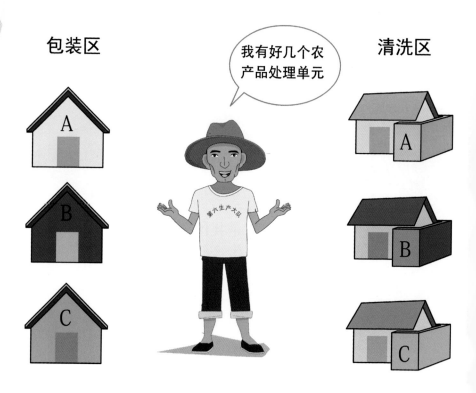

15. 平行生产

平行生产是指在同一农场中，不同的生产管理/产品处理单元同时生产相同或难以区分的认证或非认证产品的情况。

解读：例如同一农场内有A、B两地块，其中A地块的萝卜申请认证，而B地块的萝卜却不认证，这种情况就属于平行生产。

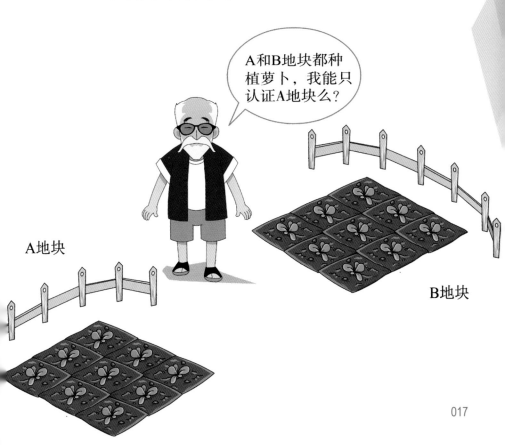

16. 动物福利

　　动物福利是指在农场动物的饲养、运输过程中给予其良好的照顾，避免动物遭受惊吓、痛苦或伤害，宰杀时要用人道方式进行。

　　解读："动物福利"一词由美国人休斯于1976年提出，是指农场饲养的动物与其环境协调一致完全健康的状态。该词受到国际社会的广泛认同。动物福利不是不能利用动物，也不是一味保护动物，而是应该合理人道地利用动物，尽量保证动物享有最基本的人道对待，如在动物繁殖、饲养、运输、治疗或捕杀等过程中，尽可能减少其痛苦。

第二篇

GAP 渊源

17. GAP 起源于哪里？

GAP起源于欧洲。

1997年欧洲零售商农产品工作组(EUREP)在零售商的倡导下提出了"良好农业规范"，简称为EUREPGAP。2001年EUREP秘书处首次将EUREPGAP标准对外公开发布。

欧洲

18. "欧洲疯牛病"事件与 GAP 起源的关系?

1985年4月,医学家们在英国发现了牛脑海绵状病(简称BSE),俗称"疯牛病"。该病造成千万头牛神经错乱、痴呆、死亡。疯牛病迅速蔓延,不到10年时间,危害已波及全欧洲。这就是当年令人恐慌的"欧洲疯牛病"事件。

由于食用感染BSE疾病的牛肉,容易引起人类神经性疾病,所以人们个个谈牛色变,甚至被迫改变了饮食习惯,对社会经济产生巨大影响,导致生产者和零售商在该事件中蒙受了巨大的损失。于是,零售商们开始认真思考在农产品种植和生产加工的各个环节中如何确保产品质量的问题,倡议由22家大型欧洲连锁零售商组成的欧洲零售商农产品工作组(EUREP),组织零售商、农产品供应商和生产者共同制定针对农产品种植和生产加工各个环节的产品认证标准(EUREPGAP)。

19. GlobalGAP 是什么？

GlobalGAP称作全球良好农业操作规范，英文全称是 Global Good Agricultural Practices。GlobalGAP是一套主要针对初级农产品生产的操作规范。它以农产品生产过程质量控制为核心，以危害分析与关键控制点(HACCP)、可持续发展为基础，关注环境保护、员工健康、安全和福利，保证初级农产品生产安全的一套规范体系。通过Global-GAP认证，已成为许多大型超市供应商的必备资格条件。

20. GlobalGAP 与 EUREPGAP 的关系是什么？

GlobalGAP的前身是EUREPGAP，2007年9月，EUREPGAP 变更为GlobalGAP。

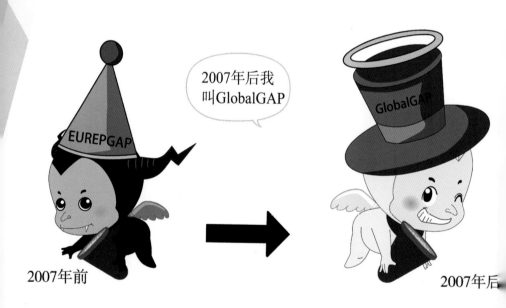

在欧盟是怎么用的呢？

25. 美国 GAP 的由来？

1998年，美国食品药品管理局(FDA)和美国农业部(USDA)联合发布了《关于降低新鲜水果与蔬菜微生物危害的企业指南》。在该指南中，首次提出良好农业规范概念。

　　美国GAP主要针对未加工、或最简单加工出售给消费者，或加工企业的大多数果蔬的种植、采收、清洗、摆放、包装，以及运输过程中常见的微生物危害控制，其关注的是新鲜果蔬的生产和包装，但不仅仅限于农场，而且还包含从农场到餐桌的整个食品链的所有步骤。FDA和USDA认为采用GAP是自愿的，但建议鲜果蔬生产者采用。其中主要针对的是控制食品安全危害中的微生物污染造成的危害，并未涉及具体农药残留造成危害的识别和控制。

　　目前，美国GAP认证还是属于企业自愿性行为，认证机构由美国农业部牵头，各州的农业部门参与协作。GAP认证范围包括一系列涉及食品安全的领域和环节，如员工卫生、收获和包装操作、生产用水的质量、粪便和废物管理、产品的可追溯性等。美国GAP认证范围的主要对象是新鲜水果和蔬菜的生产商、包装商和运输商。

26. 澳大利亚 GAP 的由来？

澳大利亚建立了类似于GAP的《农场新鲜农产品食品安全指南》，由澳大利亚农林渔业部的安全质量体系工作组于2000年制定。这是一部指导农民生产符合食品安全要求的新鲜农产品的技术性生产规范，相当于根据本国国情对EUREPGAP的全新改良，并延伸创立了新鲜农产品放心认证(Freshcare)。

该指南可操作性强，主要是通过判断树的方式对蔬菜生产过程中农作物种植、就地包装和速冻加工中的重金属、肥料、水和土壤中农药进行危害识别和评价，建立针对食品安全危害的控制措施。

27. 加拿大 GAP 的由来？

　　加拿大的GAP，是在加拿大农田商业管理委员会的资助下，由加拿大农业联盟会、国内畜禽协会、农业和农产品官员等共同协作，采用HACCP体系(hazard analysis critical control point，危害分析的临界控制点)建立的农田食品安全操守。

CANADAGAP✦

　　目前，加拿大食品检验局的食品植物产地分局发布了初加工的即食蔬菜的操作规范。该规范主要是利用HACCP体系，对蔬菜种植土壤的使用、天然肥料使用管理、农业用水管理、农业化学物质管理、员工卫生管理、收获管理和运输及储存管理等过程中的危害进行识别和控制，以降低即食蔬菜的安全危害，确保蔬菜食品的安全。

第三篇

ChinaGAP 标准

28. ChinaGAP 认证依据是什么?

ChinaGAP认证依据主要有以下两个：

(1) 良好农业规范认证实施规则；

(2) 良好农业规范系列国家标准。

解读：GAP实施单位应注意所持有的和实施的GAP国家标准和GAP实施规则是否是最新版本，注意保持资料更新。建议关注中国国家认证认可监督管理委员会和国家标准化管理委员会网站的相关信息，必要时也可以跟认证机构联系。

29. ChinaGAP 共有多少个标准？

到2014年10月为止，《良好农业规范》(GB/T 20014系列标准)正式发布了27个标准。随着ChinaGAP的不断发展和实践，标准还会不断增加。目前发布的标准如下：

(1)《术语》(GB/T 20014.1)；

(2)《农场基础控制点与符合性规范》(GB/T 20014.2)；

(3)《作物基础控制点与符合性规范》(GB/T 20014.3)；

(4)《大田作物控制点与符合性规范》(GB/T 20014.4)；

(5)《水果和蔬菜控制点与符合性规范》(GB/T 20014.5)；

(6)《畜禽基础控制点与符合性规范》(GB/T 20014.6)；

(7)《牛羊控制点与符合性规范》(GB/T 20014.7)；

(8)《奶牛控制点与符合性规范》(GB/T 20014.8)；

(9)《猪控制点与符合性规范》(GB/T 20014.9)；

(10)《家禽控制点与符合性规范》(GB/T 20014.10)；

(11)《畜禽公路运输控制点与符合性规范》(GB/T 20014.11)；

(12)《茶叶控制点与符合性规范》(GB/T 20014.12)；

(13)《水产养殖基础控制点与符合性规范》(GB/T 20014.13)；

(14)《水产池塘养殖基础控制点与符合性规范》(GB/T 20014.14)；

(15)《水产工厂化养殖基础控制点与符合性规范》(GB/T 20014.15)；

(16)《水产网箱养殖基础控制点与符合性规范》(GB/T 20014.16)；

(17)《水产围拦养殖基础控制点与符合性规范》(GB/T

20014.17）；

(18)《水产滩涂、吊养、底播养殖基础控制点与符合性规范》(GB/T 20014.18）；

(19)《罗非鱼池塘养殖基础控制点与符合性规范》(GB/T 20014.19）；

(20)《鳗鲡池塘养殖基础控制点与符合性规范》(GB/T 20014.20）；

(21)《对虾池塘养殖基础控制点与符合性规范》(GB/T 20014.21）；

(22)《鲆鲽工厂化养殖基础控制点与符合性规范》(GB/T 20014.22）；

(23)《大黄鱼网箱养殖基础控制点与符合性规范》(GB/T 20014.23）；

(24)《中华绒螯蟹围栏养殖基础控制点与符合性规范》(GB/T 20014.24）；

(25)《花卉和观赏植物控制点与符合性规范》(GB/T 20014.25）；

(26)《烟叶控制点与符合性规范》(GB/T 20014.26）；

(27)《蜜蜂控制点与符合性规范》(GB/T 20014.27）。

30. ChinaGAP 标准与其他国家 GAP 标准的最显著区别是什么？

(1) ChinaGAP是结合中国国情，根据中国的法律法规，参照EUREPGAP《良好农业规范综合农场保证控制点与符合性规范》制定的规范性标准。

(2) 认证分为一级认证和二级认证两个级别。

31. ChinaGAP 标准注重哪些方面的要求？

主要包括以下4个方面要求：

(1) 食品安全。采用危害分析与关键控制点(HACCP)方法识别、评价和控制食品安全危害。

(2) 环境保护。提出了环境保护的要求，通过要求生产者遵守环境保护的法规和标准，营造农产品生产过程的良性生态环境，协调农产品生产和环境保护的关系。

(3) 员工的职业健康、安全和福利。

(4) 动物福利。

32. GAP标准体系框架是什么结构？

　　良好农业规范系列国家标准分为农场基础标准，如《农场基础控制点与符合性规范》(GB/T 20014.2—2013)，种类基础标准，如《作物基础控制点与符合性规范》(GB/T 20014.3—2013)和产品模块标准，如《水果和蔬菜控制点与符合性规范》(GB/T 20014.5—2013)三类。

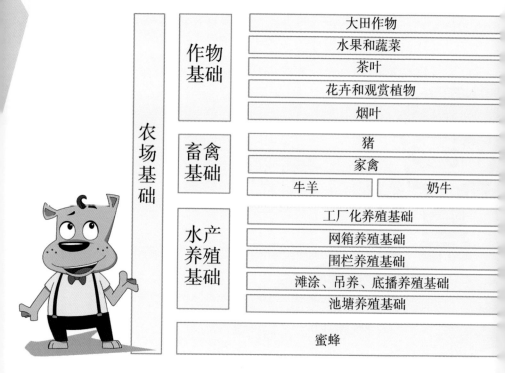

33.如何选择适用的 ChinaGAP 标准？

对某种产品的认证，应同时满足农场基础标准及其对应的种类基础标准和(或)产品模块标准的要求，即"农场基础模块+种类基础模块+产品模块"结合使用。而且所有申请GAP认证的产品都适用农场基础标准。

例如：对水稻的认证应当依据农场基础、作物基础和大田作物三个标准进行检查；

再如：对猪的认证应当依据农场基础、畜禽基础、猪三个标准进行检查。

农场基础
+
种类基础
+
产品模块

该咋选呢？

34. 如何确认产品 A 是否可以申请 ChinaGAP 认证?

国家认证认可监督管理委员会(以下简称国家认监委)制定并发布《良好农业规范认证产品目录》。该目录包括产品类别、模块和具体产品名称。可以对照该目录进行查询,如果目录中有A产品,就可以申请认证;反之,则不可认证。

《良好农业规范认证产品目录》

要根据我来定哦!

良好农业规范认证产品目录

类别	模块	具体产品
	…	…
畜禽类	…	…
	…	…
作物类	…	…
	…	…
水产类	…	…

35. 如何定位产品 A 所适用的 标准模块？

　　首先根据《良好农业规范认证产品目录》查找A在"具体产品名称"的位置。如果A在水果类里，则对应水果和蔬菜模块。

　　再按照"农场基础+种类基础+产品模块"结合使用的原则，依据GAP标准体系框架，确定A产品的适用标准："农场基础标准+作物基础标准+水果和蔬菜模块标准"。

确定A产品的适用标准：
"农场基础标准+作物基础标准+水果和蔬菜模块"

36. GAP 认证产品目录外的产品能否认证？

　　未列入GAP认证产品目录的产品，应当由认证机构依据良好农业规范系列国家标准和国家认监委相关要求对该产品的适用性进行技术分析，报国家认监委审定，经批准后方可实施认证活动。

目录以外的要先分析，后审定，批准后才能进行认证。

目录

37. ChinaGAP 系列标准控制点 级别划分的原则是什么？

ChinaGAP系列标准内容条款的控制点都划分为3个等级，并遵循下图原则。

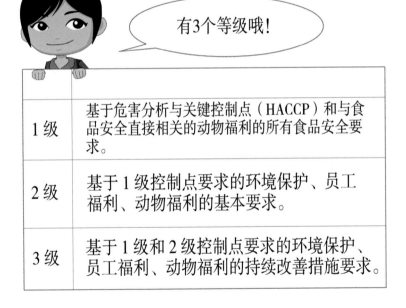

有3个等级哦!

1 级	基于危害分析与关键控制点（HACCP）和与食品安全直接相关的动物福利的所有食品安全要求。
2 级	基于 1 级控制点要求的环境保护、员工福利、动物福利的基本要求。
3 级	基于 1 级和 2 级控制点要求的环境保护、员工福利、动物福利的持续改善措施要求。

38. ChinaGAP 系列标准的基本格式如何？

ChinaGAP系列标准的基本格式为：①范围；②规范性引用文件；③术语和定义；④要求。有些标准包含附录和参考文献。

要求部分以表格格式呈现，包括序号、控制点、符合性要求和等级4项内容。具体样表见表1。

这就是基本格式！

1. 范围
2. 规范性引用文件
3. 术语和定义
4. 要求和附录

表1　记录的保存、内部检查/审核

序号	控制点	符合性要求	等级
4.1.1	外部检查期间，农业生产经营者应能提供所有要求的且至少保存2年的记录，特殊控制点规定应保存更长时间的记录除外	农业生产经营者在第一次检查后的文件记录至少保存2年，法律法规和某些特殊控制点要求保存更长时间的记录除外。全部适用(对于畜禽养殖，记录保存3年)	1级
4.1.2	农业生产经营者或农业生产经营者组织应每年对照良好农业规范标准进行至少一次内部检查/审核	有书面记录证明，农业生产经营者每年对照良好农业规范标准，至少进行一次内部检查；农业生产经营者组织对每一个成员每年对照良好农业规范标准，至少进行一次内部检查，农业生产经营者组织应对组织的质量管理体系进行一次内部审核，应对执行情况进行记录	1级

39.《良好农业规范认证实施规则》规定了什么？

　　《良好农业规范认证实施规则》规定了获得或保持良好农业规范认证所应遵守的程序和要求。

　　该规则是为规范良好农业规范认证活动，根据《中华人民共和国认证认可条例》有关规定而制定的。主要对认证机构、认证人员、认证依据及相关文件、认证申请、认证程序、认证证书与认证标志、制裁、申诉和投诉、认证收费进行了规定。

规定了相关程序和要求哦！

40. 哪些机构可以从事 ChinaGAP 认证？

应具备《中华人民共和国认证认可条例》规定的条件和从事良好农业规范认证的技术能力，并获得国家认监委批准的认证机构。

41. 认证申请人按照什么方式进行认证?

认证申请人应对其生产、销售的申请产品具有所有权并能承担相应的法律责任和义务,可按农业生产经营者和农业生产经营者组织两种选项申请认证。

在下述两种选项中,认证申请人应根据自身法人实体的组成形式来进行选择。

选项1:农业生产经营者认证。

选项2:农业生产经营者组织认证。

两种选择哦!

农业生产经营者组织   农业生产经营者

42. 申请者怎么选择 ChinaGAP 认证机构？

　　首先，根据申请认证的产品种类选择认证业务范围相符的认证机构。可登陆国家认监委CNCA网站获取认证机构的信息：http://ffip.cnca.cn/ffip/publicquery/certSearch.jsp。

其次，综合评估认证机构的信誉、服务、地点、价格等多种因素，重点选择。可通过多种渠道进行调研，如电话沟通、网络媒介或登门询问等，以获取信息。

最后，明确合作意向，签订合同。

43. ChinaGAP 注册号怎么获得的?

认证申请人与认证机构签署合同后,由认证机构在"中国食品农产品认证信息系统"为其申请唯一注册号。注册号是对认证申请人身份的标识,与产品或认证状态无关。

44. GAP 认证检查从业人员的 基本条件？

　　认证机构从事认证活动的人员应当具备必要的个人素质；具有相关专业教育和工作经历；接受过良好农业规范作物种植、畜禽养殖、水产养殖和蜜蜂养殖的生产、经营、食品安全及认证技术等方面的培训，具备相应的知识和技能。

　　良好农业规范认证检查员应取得中国认证认可协会的执业注册资质。

　　认证机构应对本机构的认证检查员的能力做出评价，以满足实施相应认证范围的良好农业规范认证活动的需要。

第四篇

ChinaGAP 认证

45. GAP 认证申请程序是什么？

中国GAP认证程序一般包括认证申请和受理、检查准备与实施、合格评定和认证的批准、监督与管理这些主要流程。

首先，申请人要与认证机构充分沟通，提出认证申请，按照要求填写并完善申请资料。应与认证机构签订认证合同，获得认证机构授予的认证申请注册号码，并缴纳相关认证费用。

认证机构会委派有资质的GAP检查员通过现场检查和审核所适用的控制点的符合性，并完成检查报告。当认证机构在完成对检查报告、文件化的纠正措施或跟踪评价结果评审后，做出是否颁发证书的决定。

最后，申请人获得认证机构的颁证决议，合格者则获得中国良好农业规范认证证书。

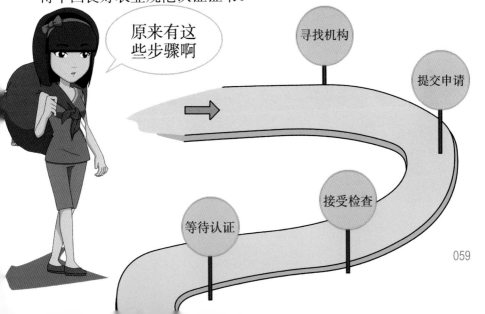

原来有这些步骤啊

寻找机构

提交申请

接受检查

等待认证

46.对初次申请者的记录有什么要求？

申请方初次接受检查前，现有记录应记载所有良好农业规范产品生产区域的历史。

(1)对于作物，申请方初次检查前有至少3个月的完整记录，记录包括与良好农业规范文件要求相关的检查作物覆盖的所有区域的农事活动。

(2)对于畜禽饲养和水产养殖的记录包括至少一个生长周期。

至少3个月记录哦！

47. 认证机构对 GAP 认证记录格式是否有统一规定?

认证机构一般不对申请方的记录格式做统一规定,只要申请方的记录文件能充分体现GAP认证标准中涉及的所有生产关键控制点就可以满足认证要求。至于采用何种记录格式(图标或文字)或方法(电子或文档),认证机构并不强求。

48. 申请材料至少包括哪些内容？

《良好农业规范实施规则》规定了申请材料的基本要求，主要包括：

(1) 申请书；

(2) 申请人身份合法证明文件，如营业执照及年检证明复印件；

(3) 种(养)植基地的所有权或使用权证明；

(4) 组织简介；

(5) 组织机构图；

(6) ChinaGAP相关操作文件；

(7) 产品符合产品消费国家/地区的相关法律法规要求的声明，产品消费国家/地区适用的法律法规(包括申请认证产品相适用的最大农药残留量"MRL"法规)；

(8) 认证产品、水质、土壤等检测报告；

(9) 基地平面图。

各位亲们

赶紧各就各位啦！

49. GAP 认证时申请者需陪同检查么？

　　是的。申请者需要安排熟悉农场生产和管理的人员陪同认证机构检查员实施检查活动。建议安排生产管理者和内部检查员陪同。内部检查员配合认证机构检查员进行现场和文件的审核，生产管理者可及时协调各部门进行检查配合，并针对审查中发现的问题及时沟通和解释，便于检查员充分了解申请方的运行状况。

我们全程陪同你

内部检查员

检查员

生产管理者

50. GAP 内部检查

在农业生产经营者组织内注册的所有成员应按照良好农业规范相关技术规范每年至少一次内部检查，其记录可供内部或外部检查员在检查期间评估。

农业生产经营者组织每年应对每个注册成员及其生产模块至少实施一次内部检查，内部检查由农业生产经营者组织内具有资格的人员实施，或转包给外部检查员实施，但此时不同于认证时的外部检查员检查，不做认证决定。

内部检查员

咱自己当医生！

51. GAP 外部检查

在首次颁发证书之前，对申请人内部的质量管理体系进行一次审核，以后每年复审一次，以证明质量管理体系按照要求运行。

外部检查每年一次，随机抽样进行检查，抽样数不能少于农业生产经营者组织注册成员数量的平方根。

发证机构按不低于10%的比例实施不通知的额外检查。

认证机构应按《产品认证机构通用要求》(GB/T 27065—2004)编制外部检查报告。

52. 申请人只生产水稻，是否可以向多家认证机构申请 ChinaGAP 认证？

不可以。相同的产品只能在同一个选项下，同一认证机构注册。

该申请人的水稻只能申请一种选项的认证，并只能向一家认证机构申请ChinaGAP认证。

53. 是否可同时参加多个农业生产经营者组织？

可以。申请人可以就不同产品选择参加不同的农业生产经营者组织。如农业生产经营者养殖了大量的牛和猪，牛的养殖可以在一个农业生产经营者组织中注册，而猪的养殖则可以加入另外一个农业生产经营者组织。

54. 不同产品是否可向不同认证机构申请 ChinaGAP 认证？

可以。如果申请人为多个产品分别申请不同选项的认证，或者一个农业生产经营者同时参加了多个生产经营者组织时，可以将不同的产品向不同认证机构申请认证。

55. 申请人向认证机构注册时，能否将旗下异国的组织成员一同注册？

不能向认证机构注册位于不同国家的生产管理单元或组织成员。所有申请认证的生产管理单元均应在中国食品农产品认证信息系统中注册并在证书上注明。

异国的不能注册

56. ChinaGAP 一级认证要求高还是二级认证要求高？

对于ChinaGAP而言，一级认证要求明显高于二级认证要求。

57. GAP 一级认证有什么要求？

　　应符合适用良好农业规范相关技术规范中所有适用一级控制点的要求。

　　应至少符合所有适用良好农业规范相关技术规范中适用的二级控制点总数95%的要求。

　　不设定三级控制点的最低符合百分比。

58. GAP 一级认证时，二级控制点允许不符合数应如何计算？

二级控制点允许不符合百分比计算公式：

允许不符合的二级控制点总数 =

(二级控制点总数−不适用的二级控制点总数)×5%

注：允许不符合的二级控制点最终的总数是计算的实际
数值取整。

别忘取整哦！

59. GAP 二级认证有什么要求？

（1）应至少符合所有适用模块中适用的一级控制点总数的95%的要求。

（2）不设定二级控制点、三级控制点的最低符合百分比。

注：可能导致消费者、员工、动植物安全和环境严重危害的控制点必须符合要求。

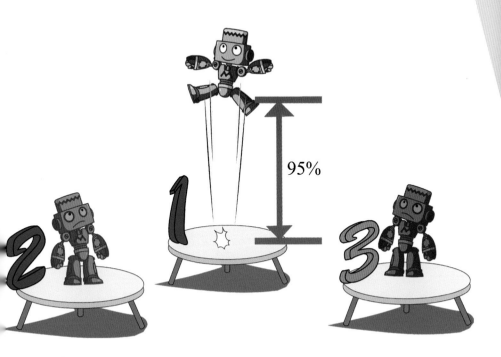

60. GAP 二级认证时，一级控制点允许不符合数怎么计算？

一级控制点允许不符合百分比计算公式：

允许不符合的一级控制点总数 =

(一级控制点总数−不适用的一级控制点总数)×5%

🖑 注：允许不符合的一级控制点最终的点数是计算的实际数值取整。

61. 初次认证检查的时间怎么安排？

首次认证的时候，宜选择在收获期间安排初次检查，以便对与收获相关的控制点(如最大农残限量、收获期间的卫生除害等)进行查证。

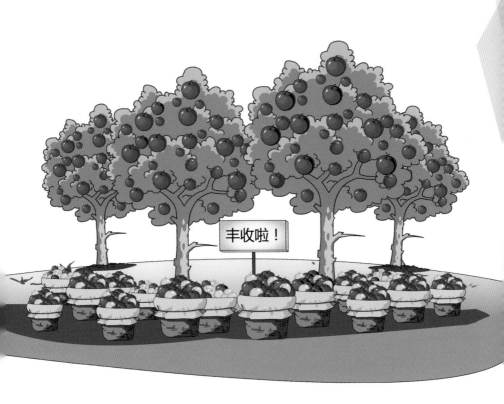

62. 在收获期间无法实施检查时，是否可以调整检查时间？

可以调整时间，但认证机构应对此做出说明。

如果检查在作物收获之前进行，致使部分适用的控制点无法检查，认证机构应当做后续跟踪检查或者由生产者以传真、照片或其他可接受(由农业生产者和认证机构进行协商确定)的形式提交证据。

如果检查是在作物收获之后进行，生产者必须保留有关收获的适用控制点符合性的证据。认证机构应适当增加对未在收获期进行检查的生产者在收获期进行不通知检查的概率。

收获期刚刚过了，能申请认证么？

8日
11月
2014年

63. 如何安排多种不同作物的检查时间？

　　申请一种以上作物的认证，如果生产期同步或相近的，检查时间宜靠近收获期。

　　如果生产期不同步或不相近的，那么初次认证检查应选择在最早收获作物的收获期间进行，其他产品只有在通过现场检查或者由生产者提供可接受的证据，验证了适用控制点的符合性后，方可将其加入到认证证书的覆盖范围。

等我长熟了再来？

64. 检查组是否对申请认证的产品都进行药物残留限量抽样?

检查组不一定对申请认证的产品进行药物残留量检查,需依据现场检查的情况对申请认证产品的药物残留进行风险评估,如果风险较高,才进行现场抽样,并确定检测项目。

如果需要抽样,应按照认证机构制定的抽样程序和方案实施。产品应委托按《检验和校准实验室能力的通用要求(GB/T 27025—2008)》认可的实验室进行检测。

我们都要被带走么?

申请认证的产品

65. 认证后的证书持有人，是否可以更换认证机构？

可以换机构，但是需要满足以下条件：

(1) 认证证书持有人还在认证机构的制裁过程中的，不得转换认证机构。除非做出制裁决定的认证机构已确认认证证书持有人关闭了相关不符合，或制裁期已过。

(2) 认证证书持有人只能在原发证机构宣布该认证证书作废后，才能转换认证机构。

(3) 无论何种原因，认证证书持有人有权利更换认证机构(处于认证机构制裁过程中的除外)。更换认证机构时有权终止同认证机构签署的合同(处于认证机构制裁过程中的除外)。但这不能免除应付的相关费用。

66. GAP 认证证书有效期多长？

GAP认证证书的有效期只有12个月。

认证机构每年必须对认证证书持有人以及相关认证范围内的产品重新确认。

认证机构每年必须按良好农业规范相关技术规范的要求实施检查、审核和确认。

67. GAP 认证证书有效期是否可以被缩短或延长？

可以。当证书持有人受到认证机构的制裁或者申请延长证书有效期的情况下，证书有效期可以被缩短或延长。

只有在下列条件下，证书有效期可适当延长：

在证书的原有效期内，再认证申请被认证机构受理，开始下一个认证周期。

在延长期内，应对证书持有人实施再认证检查。

68. 获证产品在零售时是否可以用 GAP 认证标志？

不能。在非零售产品的包装、产品宣传材料、商务活动中允许使用良好农业规范认证标志。良好农业规范的文字、标志以及注册号的使用应按照《良好农业规范认证实施规则》和认证协议执行。

我可以贴标志么？

69.GAP 认证标志使用时需注意什么？

认证标志使用时可以等比例放大或缩小，但不允许变形、变色。

在使用认证标志时，必须在认证标志下标注认证证书号。

不能变形变色！

70. 农业生产经营者怎么注册？

农业生产经营者组织体系内所有的农场/农业生产经营者、所有适用模块的场所应注册。注册的内容应包括下列信息：

(1) 农场/农业生产经营者及模块场所的名称；

(2) 联系人和联系方式；

(3) 各农场及其场所具体位置。

注册中

71. 认证机构对于农业生产经营者检查频次怎么确定?

认证机构对已获证的农业生产经营者及其所有适用模块的生产场所，按所有适用控制点的要求每年至少实施一次通知检查。

认证机构每年应至少对其认证的农业生产经营者按不低于10%的比例实施不通知检查。

当认证机构按农业生产经营者发证的数量少于10家时，不通知检查数量不得少于1家。

72. 转基因产品可以申请 ChinaGAP 认证吗？

可以申请。转基因作物(GMO)的种植应符合相关法律法规规定。注册的农场有相关法律法规的文本及其符合规定的证明，保留了特定的基因修饰和(或)专门标识的记录，并听取相关管理部门的建议。

木瓜兄，你也来认证么？

73. ChinaGAP 中的检查与
审核有何不同？

　　检查主要是针对农业生产经营者或农业生产经营者组织内部成员进行的，包括农业生产经营者的内部检查和组织对组织内部注册成员的检查，以及认证机构对农业生产经营者的外部检查和对组织内部成员的抽样检查。

　　审核主要是针对组织的质量管理体系，包括认证机构对组织的质量管理体系进行的外部审核和组织内部的质量管理体系审核。

087

74. 认证机构对于农业生产经营者组织的审核和检查几次？

认证机构每年应对所有获证的农业生产经营者组织实施一次通知的外部检查，并对其质量管理体系进行一次通知审核。

认证机构每年进行一次不通知的外部检查。检查采取对农业生产经营者组织内成员随机抽样方式进行。

至少对其认证的农业生产经营者组织按不低于10%的比例增加实施一次对申请人的质量管理体系的不通知审核。当发证机构按选项2发证的数量少于10家时，不通知审核数量不得少于1家。

审核检查几次呢？

检 审

GAP

75. 申请一级认证或二级认证时，3 级控制点是不是可以不用检查？

不论申请一级还是二级认证，所有适用的控制点(包括 1 级、2 级和 3 级控制点)都必须审核/检查，并应在检查表的备注栏中对所有不符合进行描述。

3 级控制点

1 级控制点　　　　　　　　　　　2 级控制点

76. 不通知检查时，是否对所有一、二、三级都进行检查？

不通知检查可仅对良好农业规范相关技术规范适用的一级和二级控制点进行检查，发现不符合的处理方式和通知检查的处理方式一致。一般可根据认证机构安排的检查范围进行检查。

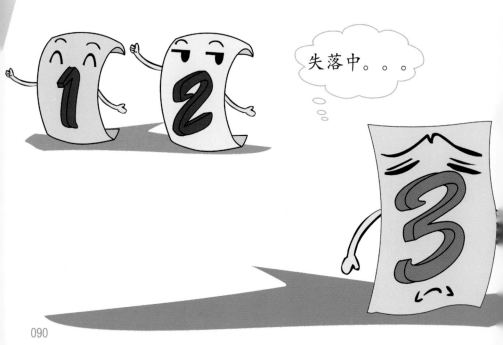

失落中。。。

77. 外部检查时，对农业生产经营者组织成员怎么抽样？

　　每年认证机构应对所有获证的农业生产经营者组织实施一次通知的外部检查和一次不通知的外部检查。检查采取对农业生产经营者组织内成员随机抽样方式进行。

　　初次认证，良好农业规范相关技术规范更新或获证的农业生产经营者组织更换认证机构时，抽样数不能少于最小样本数量。最小样本数量是基于按模块注册的生产者数量的平方根，如农业生产经营者组织成员数为100，则需抽样检查至少10名成员。

生产者数量的
平方根为10人

…100人

78. 认证机构对于农业生产经营者组织评价过程包含哪两个要素？

(1) 对农业生产经营者组织质量管理体系的审核。

(2) 对农业生产经营者组织成员的抽样检查。

79. 同一个地块不同模块的作物进行轮作时，是否可以同时申请认证？

可以。认证时，申请人需要注意选择同时具有相应模块资质的认证机构进行认证。

80. 认证证书应包括哪些信息？

按《良好农业规范认证实施规则》要求，认证证书应包括以下信息：

(1) 中国良好农业规范认证标志；

(2) 签发证书的认证机构名称和认证机构的标识；

(3) 认可该认证机构的认可机构的名称和(或)标识(如果获得认可)；

(4) 认证证书持有人的名称和地址；

(5) 农场名称和地址，如果获证的是农业生产经营者组织，应在证书或附件中列出农业生产经营者组织的所有成员/农场场所名称和地址；

(6) 认证选项、认证级别；

(7) 注册号；

(8) 证书号；

(9) 认证产品范围；

(10) 果蔬产品如未经处理，应声明(适用时)；

(11) 认证依据的GAP相关技术规范名称及版本号；

(12) 发证时间；

(13) 证书有效期。

81. 获证后证书持有人是谁?

农业生产经营者申请良好农业规范认证,如果通过认证,农业生产经营者将成为证书持有人。

农业生产经营者组织申请良好农业规范认证,如果通过认证,组织将成为证书持有人。

第五篇

GAP 天马行空

82. GAP 认证能消除食品安全的
风险么？

不能。GAP关注的焦点在于降低风险而不是消除风险。当前的技术无法彻底去除与新鲜果蔬相关的所有潜在危害。

风险

83. GAP 也包括生产服装么？

不包括。本书所指的GAP是关于初级农产品的生产规范。美国服装饰品的一个品牌也是"GAP"，与农业生产中所提到的"良好农业规范(GAP)"完全不同。美国的GAP服装品牌，创立于1969年，创始人是当劳·费雪，总部位于加利福尼亚州的圣弗朗西斯科，位居全球零售服饰的领导地位。

84. 举出几个制定 GAP 规范的国家？

　　美国、加拿大、法国、澳大利亚、马来西亚、新西兰、巴西、乌拉圭、拉脱维亚、立陶宛、波兰和中国等国家都制定了本国良好农业规范标准或法规。

美国、加拿大、法国、澳大利亚，还有好多国家呢！

85. 欧洲零售商怎么寻找获得 GlobalGAP 认证的供应商?

GlobalGAP证书是农产品的生产过程严格遵循欧洲GAP 的标志,获得认证的企业和个人的相关信息会被发布到秘 书处的网站上http://www.globalgap.org。如果欧洲零售商对 GlobalGAP农产品有需求,他们可以通 过用户名和密码登录网站,直 接找到相关产品的供应商。获 得GlobalGAP证书是实现与国 际买家沟通的通行证。

欧洲零售商上 网就可以找到 我们啦!

86. 我国农产品出口企业为什么要做 GlobalGAP 认证？

　　未通过GlobalGAP认证的供货商将在欧洲市场上被淘汰出局，将会成为国际贸易技术壁垒的牺牲品。在欧洲农产品的产业链由零售商控制，即大型超市控制着欧盟大部分的商业资本，而EUREP是以欧洲大型超市为会员的行业协会。

认证就能出口啦！

欧洲

87. 果蔬产品若在中国区麦德龙销售也要通过 GlobalGAP 认证么？

是的。麦德龙(Metro)是GlobalGAP会员。只有通过GlobalGAP认证的果蔬产品，才会在这些会员在中国的分店采购招标会上具有竞争力。中国作为世界贸易组织的成员，必须履行入世的承诺，对外资零售业已全面开放，越来越多的GlobalGAP会员，如德国麦德龙(Metro)、英国特斯科(Tesco)、荷兰阿霍德(Ahold)等，相继进入了中国市场。如果中国的产品想进入会员单位进行销售，必须通过GlobalGAP认证。

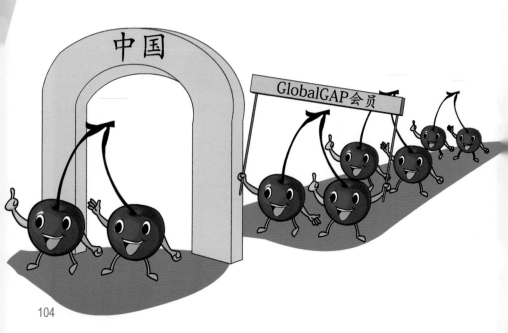

88. ChinaGAP 可以使用化学农药和化肥么？

可以。ChinaGAP生产过程并不拒绝化学农药和化肥的投入。目前，国内认证产品中只有有机产品的生产过程严禁投入任何化学合成的农药、化肥以及转基因产品。

89. ChinaGAP 与绿色食品认证的最显著的区别是什么？

　　ChinaGAP认证是不同于绿色食品认证的一种市场准入资格认证，从起源的历史到认证范围、认证标准、认证机构以及标识等都有很大差距。从消费者角度而言，两者最直观的区别在于范围上和标识上的区别：

　　(1) 范围不同：GAP产品只针对初级农产品的种植业和养殖业，不包括加工业产品，而绿色食品是包括加工业产品的。

　　(2) GAP 产品的标识与绿色食品的标识不同。

90. GAP 标志与有机标志的异同点是什么？

两类标志的图案及形状都是相似的，主要以外环上标注不同的中英文文字来区别GAP和有机类别。

GAP包括一级和二级认证，标志的白底部分有GAP+和GAP的字样；有机标志白底部分没有。

一级认证　　　　　　　　二级认证

有机

仔细分辨哦……

91. GAP 产品标志的含义是什么?

(1) GAP 外围圆形

标志外围的圆形形似地球,象征和谐、安全,圆形中的"中国良好农业规范认证"字样为中英文结合方式。既表示中国良好农业规范认证与世界同行,也有利于国内外消费者识别。

(2) 种子图形

标志中间类似种子的图形代表生命萌发之际的勃勃生机,象征了GAP是从种子开始的全过程认证,同时昭示出GAP产品就如同刚刚萌生的种子,正在中国大地上茁壮成长。

(3) 种子周围环形

种子图形周围圆润自如的线条象征环形的道路,与种子图形合并构成汉字"中"。同时,处于平面的环形又是英文字母"C"的变体,意为"China"。

(4) 国家 GAP 产品标志的着色

　　GAP产品的绿色代表环保、健康，表示GAP产品给人类的生态环境带来完美与协调。

92. 蔬菜类的产品是否都能申请 GAP 的认证?

不是。必须按照《良好农业规范认证实施规则》的要求进行认证,实施规则列出了可以申请GAP产品认证的目录表单,不在列表中的产品,即使属于水果或者蔬菜,也不可以实施GAP认证。

93.烟叶是否可以申请 GAP 的认证？

只要是国家GAP系列标准中包括的产品都可以认证。根据国标委网站公布的信息可知：《烟叶控制点与符合性规范》(GB/T 20014.26—2013)已经于2013年12月31日发布，并于2014年6月22日实施。因此，烟叶可以申请GAP认证。

国家标准查询 National Standard Query			
标准号 Standard No.	GB/T 20014.26-2013		
中文标准名称 Standard Title in Chinese	良好农业规范 第26部分：烟叶控制点与符合性规范		
英文标准名称 Standard Title in English	Good agricultural practice—Part 26: Tobacco control points and compliance criteria		
发布日期 Issuance Date	2013-12-31	实施日期 Execute Date	2014-06-22	首次发布日期 First Issuance Date	2013-12-31
标准状态 Standard State	现行	复审确认日期 Review Affirmance Date		计划编号 Plan No.	20111475-T-469

我符合26号标准！

申请书

yes

94. 怎么对 GAP 获证企业进行监督？

内部检查和外部检查相结合形成了对GAP获证企业的最基本最有效的质量监控措施。

农业生产经营者在认证机构外部检查前，每年至少进行一次内部检查；农业生产经营者组织在申请外部检查前每年要执行至少两次内部检查，一次由生产经营者组织的各成员来执行，一次由生产经营者组织来统一执行。

认证机构实施每年一次的外部检查/审核、未通知检查和补充检查。

95. 谁来监管 ChinaGAP 认证机构？

目前，由国家认证认可监督管理委员会(Certification and Accreditation Administration of the People's Republic of China，CNCA)对GAP认证机构进行监督和管理。我国已经建立"法律规范，行政监督，认可约束，行业自律，社会监督"五位一体的监督体系。

96. 申请人对认证结果有异议该怎么处理？

　　申请人如对认证机构的认证决定有异议，可在10个工作日内向认证机构申诉，认证机构自收到申诉之日起，应在30个工作日内进行处理，并将处理结果书面通知申诉人。申请人对处理结果仍有异议的，可以向国家认证认可监督管理委员会投诉。

　　申请人认为认证机构行为严重侵害了自身合法权益的，可以直接向国家认证认可监督管理委员会投诉。

97. 当持证法人实体发生变更时，可否直接变更证书？

不可。当生产单元的法人实体发生变化(如农场所有人、单位性质改变等)时，不得将认证证书从一个法人实体转让到另一法人实体。这种情况下要求对新的法人实体实施初次检查。

法人　　　　　　　新法人

98. 中药材 GAP 是什么？

在中药行业，中药材GAP称为"中药材生产质量管理规范"。它于2002年3月18日经国家食品药品监督管理总局局务会审议通过，并于2002年6月1日施行。中药材GAP是我国中药制药企业实施GMP管理(Good Manufacturing Practice，产品生产质量管理规范)的重要配套工程，是药学和农学结合的产物。

中药材GAP称为"中药材生产质量管理规范"

99. 中药材 GAP 与 ChinaGAP 认证异同点？

在ChinaGAP发展初期，经常有人误以为ChinaGAP与中药材GAP认证是一回事。其实，两者发起时间、监管部门以及标准体系完全不同。主要体现在以下四个方面：

(1) 中药材GAP的起步要早于ChinaGAP。中药材GAP于2002年3月18日经国家食品药品监督管理总局局务会审议通过，并于2002年6月1日施行。而ChinaGAP标准在2005年由国家质量监督检验检疫总局、国家标准化管理委员会联合发布。

(2) 监管和认证主体不同。中药材GAP认证，由国家食品药品监督管理总局(原国家食品药品监督管理局)负责监管，并由该局认证中心实施认证；而ChinaGAP认证，国家认证认可监督管理委员会负责监管工作，由申请者从获得国家批准从事ChinaGAP认证的多家认证机构中选择一家进行认证。

(3) 认证范围不同。中药材GAP主要针对中药材实施认证；而ChinaGAP的认证范围相对较广，主要针对农作物、畜禽、水产等农产品实施认证。不过，鉴于有些农产品也

兼具药材的特性，因此，有少量农产品也属于中药材GAP的认证范围。

(4) 标准体系不同。ChinaGAP采取国际通用的模块化格式进行标准体系的制定和实施：如烟叶申请认证时，需按照"农场基础控制点和符合性规范"+"作物基础控制点和符合性规范"+"烟叶控制点和符合性规范"三个标准共同结合使用；而中药材GAP以常规规范体系进行制定和实施。

当然，两者也有共同的特点：

(1) 都属于推荐(自愿)认证。

(2) 目的都在于规范生产的全过程，从源头上控制产品质量，并与国际接轨。

(3) 都具有推进规范化种植和保证产品质量的要求，均涉及从种植资源选择、种植地选择一直到播种、田间管理、采购、包装运输以及入库整个过程的规范化管理。

100. GAP 认证有什么益处?

GAP认证的益处包括:

(1) 通过GAP认证,能够降低农产品安全风险,提升农业生产的标准化水平,有利于提高农产品的内在品质和安全水平,有利于增强消费者对企业和产品的信心,提升品牌价值。

(2) 通过GAP认证可以提升产品的附加值,从而增加认证企业和生产者的收入。

（3）通过GAP认证，有利于提高我国常规农产品在国际市场上的竞争力，促进获证农产品的出口。

（4）通过GAP认证，有利于增强生产者的安全意识和环保意识，有利于保护劳动者的身体健康。

（5）通过GAP认证，有利于保护生态环境和增加自然界的生物多样性，有利于自然界的生态平衡和农业的可持续发展。